湖南省公路工程预算补充定额

湘交造价〔2013〕287 号

自 2013 年 07 月 15 日起施行

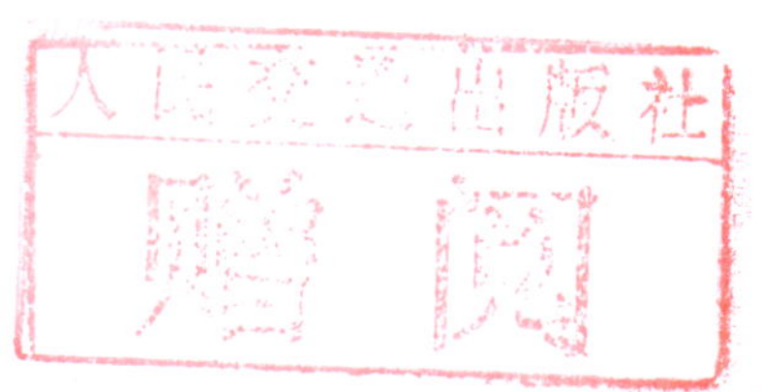

人民交通出版社

2013 · 北京

Hunan Sheng Gonglu Gongcheng Yusuan Buchong Ding'e

书　　名：湖南省公路工程预算补充定额
著 作 者：湖南省交通运输厅交通建设造价管理站
责任编辑：卢仲贤
出版发行：人民交通出版社
地　　址：(100011)北京市朝阳区安定门外外馆斜街3号
网　　址：http://www.ccpress.com.cn
销售电话：(010)59757973
总 经 销：人民交通出版社发行部
经　　销：各地新华书店
印　　刷：北京市密东印刷有限公司
开　　本：880×1230　1/32
印　　张：3.625
版　　次：2013年9月　第1版
印　　次：2013年9月　第1次印刷
书　　号：ISBN 978-7-114-10888-4
定　　价：35.00元

图书在版编目(CIP)数据

湖南省公路工程预算补充定额/湖南省交通运输厅交通建设造价管理站编. —北京:人民交通出版社,2013.9

ISBN 978-7-114-10888-4

Ⅰ.①湖…　Ⅱ.①湖…　Ⅲ.①道路工程—预算定额—基本知识—湖南省　Ⅳ.①U415.13

中国版本图书馆CIP数据核字(2013)第216390号

HNPR－2013－17010

湖南省交通运输厅关于发布《湖南省公路工程预算补充定额》的通知

湘交造价〔2013〕287号

各市州交通运输局，厅直有关单位：

现将《湖南省公路工程预算补充定额》印发给你们，请遵照执行。

在实施过程中，各有关单位要收集该定额使用情况的意见和建议，并及时反馈至厅交通建设造价管理站。

《湖南省公路工程预算补充定额》由厅交通建设造价管理站负责解释（联系人：杨莉，联系电话：0731－85565592）。

湖南省交通运输厅

2013年7月15日

总　说　明

一、本补充定额是根据交通部《公路工程预算定额》(JTG/T B06-02—2007)的规定、编制原则和近年来湖南省公路工程施工、设计实际情况,经施工现场测定、调查,并参考有关资料,在分析计算的基础上编制而成。

二、本补充定额是以人工工日消耗量、材料用量、机械台班消耗量表现的工程预算定额。编制造价文件时,其人工费、材料费、机械使用费应按照交通部《公路工程基本建设项目概算预算编制办法》(JTG B06—2007)及湖南省交通运输厅颁发的有关规定计算。

三、本补充定额基价中的人工费、材料费、机械费分别按照交通部《公路工程预算定额》(JTG/T B06-02—2007)(以下简称“部颁定额”)附录四和《公路工程机械台班费用定额》(JTG/T B06-03—2007)有关规定计算取定,其中缺项材料、机械台班单价按照本补充定额中附录一《新增材料、机械台班单价表》取定。

四、本补充定额的工程内容包括该项目施工的全部过程。除扼要说明主要操作工序外,均包括准备与结束,场内操作范围内的水平垂直运输、材料工地小搬运,辅助和零星用工,工具及机械小修,场地清理等内容。

五、施工机械种类、规格按合理的施工组织确定,如施工中实际采用机械种类规格与本定额不同时,不得替换。

六、凡定额名称带“※”号者,因测算样本特殊或偏少,仅作为参考定额,使用定额时可根据情况进行调整。

七、本补充定额所包含的子目均应与《公路工程基本建设项目概算预算编制办法》配套使用。

目　　录

第一章　路 基 工 程

说　　明

1. 清理塌方滑坡含装车费用,运输按有关定额另行计算。
2. 清理塌方滑坡及小型机具夯实土石方体积为天然密实体积。
3. PVC 渗沟管的挖基费用按挖土方另行计算;采用尺寸不同的 PVC 管时,可进行抽换。

第一节　路基土、石方工程

1-1-1　挖掘机挖土质台阶

工程内容：开挖台阶，夯实整平。

单位：$1000m^2$

顺序号	项　目	单位	代号	挖掘机挖土质台阶		
				松　土	普　通　土	硬　土
				1	2	3
1	人工	工日	1	1.1	1.3	1.6
2	$1.0m^3$ 履带式单斗挖掘机	台班	1035	1.33	1.57	1.89
3	基价	元	1999	1151	1365	1636

1-1-2 冲击夯实填土

工程内容:人工打碎土块及初步摊平,分层夯实、整型。

单位:1000m^3

顺序号	项目	单位	代号	冲击夯实填土
				1
1	人工	工日	1	113.1
2	70N·m 型振动冲击夯	台班	1100	103.13
3	基价	元	1999	6911

1-1-3 清理塌方、滑坡

工程内容:1)人工开挖、清理工作面;2)机械开挖;3)装车;4)移动位置。

单位:$1000m^3$

顺序号	项目	单位	代号	清理塌方、滑坡	
				石方	土方
				1	2
1	人工	工日	1	6.5	1.2
2	$0.6m^3$ 履带式单斗挖掘机	台班	1027	1.02	1.78
3	$1.0m^3$ 履带式单斗挖掘机	台班	1035	2.99	1.78
4	基价	元	1999	3296	2413

1-1-4 静力爆破石方

工程内容：布孔、钻孔、验孔、膨胀剂拌和与装填、风镐二次破碎。

单位：$100m^3$

顺序号	项目	单位	代号	静力爆破石方	
				次坚石	坚石
				1	2
1	人工	工日	1	150.3	152.7
2	钢钎	kg	211	39.9	46.4
3	空心钢钎	kg	212	60.0	52.0
4	ϕ50mm 以内合金钻头	个	213	38	42
5	胶管	m	685	6.3	6.3
6	膨胀剂	kg	760	3000.0	2142.9
7	水	m^3	866	122	122
8	其他材料费	元	996	658.3	528.8
9	气腿式风动凿岩机	台班	1102	57.0	57.0
10	电动修钎机	台班	1138	4.4	4.7
11	$10m^3$/min 以内电动空气压缩机	台班	1837	22.8	22.8
12	基价	元	1999	29530	26939

第二节　排水工程

1-2-1　PVC 管渗沟

工程内容:铺设土工布、埋设 PVC 管、回填碎石、覆盖。

单位:表列单位

顺序号	项　　目	单位	代号	PVC 管渗沟		
				土工布铺设	PVC 管安装	回填碎石
				$1000m^2$	100m	$100m^3$
				1	2	3
1	人工	工日	1	5.5	2.2	11.7
2	8~12 号铁丝	kg	655	1.3	–	–
3	土工布	m^2	770	1062.5	–	–
4	U 形锚钉	kg	775	69.1	–	–
5	塑料打孔波纹管(ϕ200mm)	m	790	–	106.0	–
6	碎石(6cm)	m^3	953	–	–	105.14
7	其他材料费	元	996	98.4	294.8	–
8	$1.0m^3$ 履带式单斗挖掘机	台班	1029	–	–	0.28
9	基价	元	1999	11018	6763	6302

第三节 软基处理工程

1-3-1 振冲碎石桩处理软土地基

工程内容:1)施工准备;2)设备就位;3)成孔、管中灌入碎石;4)制桩、振密;5)成桩;6)场地清理。

单位:100m

顺序号	项目	单位	代号	振冲碎石桩
				碎石桩直径(cm)
				50
				1
1	人工	工日	1	5.8
2	碎石(6cm)	m^3	953	35.49
3	其他材料费	元	996	21.6
4	0.5m^3 轮胎式装载机	台班	1047	0.74
5	20t 以内履带式起重机	台班	1433	0.76
6	75kW 振冲器	台班	1631	0.83
7	基价	元	1999	3273

第二章　路 面 工 程

说　　明

1. 橡胶沥青混凝土路面补充定额中仅包括拌和项目，摊铺及运输参照部颁定额沥青混合料运输及铺筑项目。

2. 橡胶沥青混凝土路面中的橡胶沥青，按成品料进行编制。如在现场进行配制时，其配制费用计入材料预算价格中。

3. 如橡胶沥青混凝土路面设计采用的油石比与定额不同时，可按设计用量调整定额中的材料用量。

第一节 路基基层及垫层

2-1-1 手摆片石基层

工程内容:清扫整理下承层、选修石料、铺筑、嵌缝、整平、碾压。

单位:1000m^2

顺序号	项 目	单位	代号	手摆片石	
				压实厚度16cm	每增减1cm
				1	2
1	人工	工日	1	69.6	2.9
2	片石	m^3	931	175.69	10.98
3	碎石(4cm)	m^3	952	42.81	2.68
4	6~8t光轮压路机	台班	1075	0.15	-
5	12~15t光轮压路机	台班	1078	0.73	-
6	基价	元	1999	12091	663

2-1-2 拳石路面

工程内容:铺筑拳石及路缘石、撒碎石、石屑、碾压。

单位:1000m²

顺序号	项目	单位	代号	手摆拳石	
				压实厚度16cm	每增减1cm
				1	2
1	人工	工日	1	97.8	4.0
2	拳石	m^3	932	169.85	10.62
3	碎石(2cm)	m^3	951	27.62	1.73
4	石屑	m^3	961	10.56	0.66
5	6~8t光轮压路机	台班	1075	0.30	-
6	10~12t光轮压路机	台班	1077	0.73	-
7	基价	元	1999	13131	696

2-1-3 拳石灌砂路面

工程内容:铺筑拳石及路缘石、夯实、灌砂、碾压。

单位:1000m²

顺序号	项目	单位	代号	拳石灌砂	
				压实厚度 16cm	每增减 1cm
				1	2
1	人工	工日	1	95.0	4.0
2	中(粗)砂	m^3	899	51.20	3.20
3	拳石	m^3	932	162.72	10.17
4	6~8t 光轮压路机	台班	1075	0.30	-
5	10~12t 光轮压路机	台班	1077	0.73	-
6	基价	元	1999	13618	735

2-1-4 干压碎石路面

工程内容:消解石灰、拌灰土、铺筑、嵌缝、整平、碾压。

单位:$1000m^2$

顺序号	项目	单位	代号	干压碎石 10cm	每增减 1cm
				基层	基层
				1	2
1	人工	工日	1	27.1	2.5
2	水	m^3	866	0.58	0.05
3	生石灰	t	891	0.950	0.100
4	黏土	m^3	911	5.77	0.58
5	碎石(2cm)	m^3	951	7.21	0.72
6	碎石(4cm)	m^3	952	15.86	1.59
7	碎石(6cm)	m^3	953	115.35	11.54
8	6~8t 光轮压路机	台班	1075	0.30	-
9	12~15t 光轮压路机	台班	1078	0.54	-
10	基价	元	1999	9046	865

2-1-5　基层稳定土厂拌设备安装、拆除

工程内容:修建拌和设备基座的全部工作;砌筑上料台;拌和设备的安装、调试;竣工后拆除清理。

单位:1座

顺序号	项　目	单位	代号	稳定土厂拌设备生产能力(t/h)
				500以内
				1
1	人工	工日	1	1271.4
2	锯材	m^3	102	0.02
3	型钢	t	182	0.078
4	组合钢模板	t	272	0.170
5	铁件	kg	651	130.5
6	32.5级水泥	t	832	116.693
7	水	m^3	866	576.21
8	中(粗)砂	m^3	899	369.05
9	片石	m^3	931	440.52
10	碎石(4cm)	m^3	952	157.49
11	块石	m^3	981	402.22
12	其他材料费	元	996	221.3
13	$0.6m^3$以内单斗挖掘机	台班	1027	10.52

续前页

单位:1座

顺序号	项　目	单位	代号	稳定土厂拌设备生产能力(t/h)
				500以内
				1
14	250L以内混凝土搅拌机	台班	1272	7.95
15	20t以内平板拖车	台班	1393	10.14
16	12t以内汽车式起重机	台班	1451	3.68
17	40t以内汽车式起重机	台班	1456	14.36
18	75t以内汽车式起重机	台班	1458	14.36
19	小型机具使用费	元	1998	589.8
20	基价	元	1999	271447

注:本定额未包括拌和厂的场地清理、平整、垫层、碾压、围栏等内容,需要时可按有关定额另行计算。

不同生产能力拌和设备定额消耗数量调整表

单位:1000m^2

工作内容:清扫整理下承层、选修石料、铺筑、嵌缝、整平、碾压			单　位	代　号	稳定土类型
					水泥碎石
500t/h以内厂拌设备	压实厚度15cm	人工	工日	1	1.8
		3m^3以内轮胎式装载机	台班	1051	0.48
		500t/h稳定土厂拌设备	台班	1062	0.17
	每增减1cm	人工	工日	1	0.2
		3m^3以内轮胎式装载机	台班	1051	0.02
		500t/h稳定土厂拌设备	台班	1062	0.01

第二节 路面面层

2-2-1 粗粒式橡胶沥青混凝土混合料拌和

工程内容:1)橡胶沥青加热、加工、保温、输送;2)装载机铲运料、上料、配运料;3)矿料加热烘干;4)拌和、出料。

单位:1000m^3

顺序号	项目	单位	代号	320t/h以内橡胶沥青混合料拌和设备(粗粒式)
				1
1	人工	工日	1	27.6
2	橡胶沥青混凝土混合料	m^3	-	(1020.00)
3	橡胶沥青	t	855	109.325
4	机制砂	m^3	898	517.50
5	矿粉	t	949	118.767
6	路面用碎石(1.5cm)	m^3	965	243.07
7	路面用碎石(2.5cm)	m^3	966	281.96
8	路面用碎石(3.5cm)	m^3	967	447.25
9	其他材料费	元	996	191.7
10	设备摊销费	元	997	2499.3
11	3m^3以内轮胎式装载机	台班	1051	2.53

续前页

单位:1000m³

顺序号	项目	单位	代号	320t/h 以内橡胶沥青混合料拌和设备(粗粒式)
				1
12	320t/h 以内沥青拌和设备	台班	1207	1.42
13	5t 以内自卸汽车	台班	1383	1.46
14	基价	元	1999	638992

2－2－2　中粒式橡胶沥青混凝土混合料拌和

工程内容:1)橡胶沥青加热、加工、保温、输送;2)装载机铲运料、上料、配运料;3)矿料加热烘干;4)拌和,出料。

单位:$1000m^3$

顺序号	项　　目	单位	代号	320t/h 以内橡胶沥青混合料拌和设备
				1
1	人工	工日	1	27.6
2	橡胶沥青混凝土混合料	m^3	－	(1020)
3	橡胶沥青	t	855	117.925
4	机制砂	m^3	898	545.18
5	矿粉	t	949	117.970
6	路面用碎石(1.5cm)	m^3	965	364.50
7	路面用碎石(2.5cm)	m^3	966	570.10
8	其他材料费	元	996	230.0
9	设备摊销费	元	997	2678.9
10	$3m^3$ 以内轮胎式装载机	台班	1051	2.53
11	320t/h 以内橡胶沥青混合料拌和设备	台班	1207	1.42
12	5t 以内自卸汽车	台班	1383	1.45
13	基价	元	1999	675901

2-2-3 细粒式橡胶沥青混凝土混合料拌和

工程内容:1)橡胶沥青加热、加工、保温、输送;2)装载机铲运料、上料,配运料;3)矿料加热烘干;4)拌和,出料。

单位:$1000m^3$

顺序号	项目	单位	代号	320t/h 以内橡胶沥青混合料拌和设备
				1
1	人工	工日	1	27.5
2	橡胶沥青混凝土混合料	m^3	-	(1020.00)
3	橡胶沥青	t	855	139.800
4	机制砂	m^3	898	523.05
5	矿粉	t	949	139.810
6	路面用碎石(1.5cm)	m^3	965	923.02
7	其他材料费	元	996	287.5
8	设备摊销费	元	997	2893.1
9	$3m^3$ 以内轮胎式装载机	台班	1051	2.52
10	320t/h 以内沥青拌和设备	台班	1207	1.41
11	5t 以内自卸汽车	台班	1383	1.45
12	基价	元	1999	769268

2-2-4 橡胶沥青玛蹄脂碎石混合料拌和

工程内容:1)橡胶沥青加热、加工、保温、输送;2)装载机铲运料、上料,配运料;3)矿料加热烘干;4)拌和,出料。

单位:1000m³

顺序号	项目	单位	代号	320t/h 以内橡胶沥青混合料拌和设备
				1
1	人工	工日	1	30.1
2	橡胶沥青玛蹄脂碎石混合料	m³	-	(1020.00)
3	橡胶沥青	t	855	157.223
4	机制砂	m³	898	229.24
5	矿粉	t	949	231.484
6	路面用碎石(1.5cm)	m³	965	1146.18
7	其他材料费	元	996	287.5
8	设备摊销费	元	997	3407.4
9	3m³ 以内轮胎式装载机	台班	1051	2.95
10	320t/h 以内沥青拌和设备	台班	1207	1.60
11	5t 以内自卸汽车	台班	1383	1.48
12	基价	元	1999	858811

第三章　隧道工程

说　明

1. 本章定额未考虑地震、坍塌、溶洞及大量地下水处理，以及其他特殊情况所需的费用，需要时可根据设计另行计算。

2. 本章开挖定额中已综合考虑超挖及预留变形因素。

3. 洞身衬砌项目按现浇防水混凝土衬砌编制，不分工程部位（即拱部、边墙、仰拱、底板、沟槽、洞室）均使用本定额。当设计采用的混凝土强度等级与定额采用的不符时，可根据具体情况对混凝土配合比进行抽换。

4. 现浇防水混凝土衬砌定额中根据防水剂材料和用量的不同，可以调整换算，但人工与机械台班消耗量不变。

5. 花岗岩贴面项目根据贴面材料的不同，可以调整换算，但人工与机械台班消耗量不变。

6. 分层注浆加固以孔为单位，按全区域加固编制，若加固深度不同时可内插计算；若采取局部区域加固，则人工和钻机台班不变，材料（注浆阀管除外）和其他机械台班按加固深度按深度同比例调减；浆体材料（水泥、粉煤灰、外加剂）用量按一般情况计算，若设计能提供具体含量，可进行抽换。

7. 斜井出渣包括洞口外50m内的人工推斗车运输，若出洞口后运距超过50m，运输方式也与本运输方式相同时，超过部分可执行机械开挖轻轨斗车运输每增运50m的项目规定；若出洞后，改变了运输方式，应执行相应的运输定额。

第一节　洞 身 工 程

3－1－1　中空注浆锚杆

工程内容:1)在岩面上标出锚杆位置;2)钻孔、清灰;插入锚杆;3)安装止浆塞、垫板、螺旋;4)注浆。

单位:100m

顺序号	项　　目	单位	代号	中空注浆锚杆			
				D22	D25	D28	D32
				1	2	3	4
1	人工	工日	1	12.5	13.2	13.7	14.2
2	1:1 水泥砂浆	m^3	-	(0.16)	(0.23)	(0.30)	(0.43)
3	原木	m^3	101	0.119	0.117	0.113	0.109
4	锯材	m^3	102	0.018	0.016	0.013	0.011
5	ϕ22 中空注浆锚杆	m	210	101	-	-	-
6	空心钢钎	kg	212	7.6	9.2	10.8	12.5
7	ϕ50mm 以内合金钻头	个	213	3	3	4	4
8	ϕ25 中空注浆锚杆	m	215	-	101	-	-
9	ϕ28 中空注浆锚杆	m	219	-	-	101	-
10	ϕ32 中空注浆锚杆	m	222	-	-	-	101

续前页

单位:100m

顺序号	项　　目	单位	代号	中空注浆锚杆			
				D22	D25	D28	D32
				1	2	3	4
11	铁钉	kg	653	0.1	0.1	0.1	0.1
12	8～12 号铁丝	kg	655	0.6	0.6	0.6	0.6
13	32.5 级水泥	t	832	0.125	0.179	0.234	0.332
14	水	m^3	866	3	5	7	9
15	中(粗)砂	m^3	899	0.11	0.15	0.20	0.26
16	其他材料费	元	996	3.2	3.6	4.0	4.5
17	气腿式风动凿岩机	台班	1102	8.14	8.34	8.56	8.78
18	1t 以内机动翻斗车	台班	1408	0.11	0.14	0.17	0.21
19	$20m^3$/min 电动空气压缩机	台班	1838	0.76	0.78	0.80	0.82
20	小型机具使用费	元	1998	45.2	49.6	53.7	57.6
21	基价	元	1999	4129	4518	5006	5523

3-1-2　现浇防水混凝土衬砌

工程内容:混凝土浇筑:1)清理岩面及基底;2)台车就位、调整,挡头板制作、安装、拆除、修理、涂脱模剂、堆放、台车维护;3)混凝土浇筑、捣固及养生。　钢筋:钢筋除锈、制作、电焊、绑扎。

单位:$10m^3$ 及 1t

顺序号	项　目	单位	代号	混凝土浇筑	钢　筋
				模板台车混凝土	
				$10m^3$	1t
				1	2
1	人工	工日	1	6.2	12.3
2	C25 水泥混凝土	m^3	19	(11.70)	-
3	锯材	m^3	102	0.012	-
4	枕木	m^3	103	0.003	-
5	带肋钢筋	t	112	-	1.025
6	电焊条	kg	231	-	4.6
7	钢模板	t	271	0.050	-
8	20~22 号铁丝	kg	656	-	2.8
9	32.5 级水泥	t	832	4.306	-
10	水	m^3	866	18	-
11	中(粗)砂	m^3	899	6.08	-

续前页 单位:10m³ 及 1t

顺序号	项目	单位	代号	混凝土浇筑 模板台车混凝土	钢筋
				10m³	1t
				1	2
12	碎石(4cm)	m³	952	8.31	-
13	HEA 防水剂	kg	763	351.3	-
14	其他材料费	元	996	7.0	-
15	设备摊销费	元	997	239.3	-
16	60m³/h 以内混凝土输送泵	台班	1316	0.16	-
17	32kV·A 交流电弧焊机	台班	1726	-	0.65
18	小型机具使用费	元	1998	4.4	48.8
19	基价	元	1999	4839	4247

3-1-3 防水板与止水带

工程内容:EVA 防水板:1)搭、拆、移工作平台;2)基面处理、钻孔、钉锚固钉;3)下料,运至施工现场,焊接,检查。 背贴式止水带:1)取运料;2)安装止水带,固定检查;3)移动工作平台。 中埋式止水带:1)取运料,钢筋除锈、制作;2)钢筋卡就位,安装止水带,固定检查;3)移动工作平台。

单位:100m² 及 10m

顺序号	项目	单位	代号	EVA 防水板	背贴式止水带	中埋式止水带
				100m²	10m	10m
				1	2	3
1	人工	工日	1	3.5	2.7	3.0
2	电焊条	kg	231	0.6	-	-
3	膨胀螺栓	套	242	41.6	-	-
4	EVA 防水板	m²	764	106.0	-	-
5	背贴式止水带	m	765	-	10.3	-
6	中埋式止水带	m	766	-	-	10.3
7	其他材料费	元	996	-	36.3	37.5
8	32kV·A 交流电弧焊机	台班	1726	0.11	-	-
9	小型机具使用费	元	1998	34.5	2.5	3.1
10	基价	元	1999	2056	582	856

3-1-4 药卷锚杆

工程内容:脚手架安拆、移动、锚杆制作,钻孔,安杆,锚固。

单位:1t

顺序号	项目	单位	代号	药卷锚杆
				1
1	人工	工日	1	8.0
2	带肋钢筋	t	112	1.025
3	药卷	m	209	264.7
4	空心钢钎	kg	212	15.4
5	ϕ50mm 以内合金钻头	个	213	6
6	铁件	kg	651	106.7
7	其他材料费	元	996	72.7
8	气腿式风动凿岩机	台班	1102	2.4
9	20m^3/min 以内电动空气压缩机	台班	1838	2.3
10	小型机具使用费	元	1998	169.5
11	基价	元	1999	6833

3-1-5 防 排 水

工程内容:环氧沥青漆防水层:清洗表面,配料,涂刷环氧沥青漆两遍。 MY8C 塑料管盲沟:洗刷、填料、铺管。

单位:$100m^2$ 及 10m

顺序号	项 目	单位	代号	环氧沥青漆防水层	MY8C 塑料管盲沟
				$100m^2$	10m
				1	2
1	人工	工日	1	15.3	2.7
2	环氧沥青漆	kg	730	25.6	-
3	聚氨酯固化剂	kg	793	25.7	-
4	MY8C 塑料管	m	796	-	10.25
5	其他材料费	元	996	25.5	6.8
6	基价	元	1999	1972	222

3-1-6 隧道不良地质处理分层注浆

工程内容：1）定位、钻孔；2）注护壁泥浆；3）放置注浆阀管；4）配置浆液、插入注浆芯管；5）分层劈裂注浆；6）检测注浆效果。

单位：1 孔

顺序号	项目	单位	代号	加固深度				
				10m 以内	15m 以内	20m 以内	25m 以内	30m 以内
				1	2	3	4	5
1	人工	工日	1	10.5	13.5	15.9	19.8	24.0
2	塑料注浆阀管	m	600	10.50	15.75	21.00	26.25	31.50
3	水玻璃	kg	749	113.4	204.8	269.9	345.5	421.1
4	52.5 级水泥	t	834	2.200	3.980	5.240	6.710	8.180
5	膨润土	kg	912	224.6	385.3	534.6	684.3	834.1
6	粉煤灰	m^3	945	1.60	2.7	3.81	4.87	5.92
7	其他材料费	元	996	92.8	158.2	213.3	273.6	331.6
8	200L 以内灰浆搅拌机	台班	1280	1.064	1.33	1.773	2.217	2.660
9	电动单液注浆泵	台班	1295	1.064	1.33	1.773	2.217	2.660
10	液压钻机 STE-1	台班	1613	0.381	0.477	0.636	0.763	0.953
11	50mm 以内泥浆泵	台班	1680	0.355	0.443	0.591	0.709	0.887
12	基价	元	1999	2334	3634	4734	5991	7284

3-1-7 钢支撑拆除

工程内容:拆除、整理、堆放。

单位:1t

顺序号	项目	单位	代号	钢支撑拆除	
				型钢拱架	钢筋拱架
				1	2
1	人工	工日	1	0.6	1.8
2	电焊条	kg	231	1.4	7.4
3	32kV·A交流电弧焊机	台班	1726	0.30	1.56
4	基价	元	1999	67	287

第二节　洞门工程

3-2-1　花岗岩贴面

工程内容:1)清理及修补基层表面;2)刮底;3)砂浆配、拌、抹平;4)镶贴;5)修嵌缝隙;6)除污。

单位:100m²

顺序号	项　　目	单位	代号	花岗岩
				1
1	人工	工日	1	39.5
2	1:2.5 水泥砂浆	m^3	-	(2.36)
3	花岗岩板 20mm	m^2	878	102
4	铁件	kg	651	34.0
5	20~22 号铁丝	kg	656	79.0
6	白水泥	t	837	1.114
7	水	m^3	866	2
8	中(粗)砂	m^3	899	2.38
9	其他材料费	元	996	22.5
10	200L 以内灰浆搅拌机	台班	1280	0.76
11	基价	元	1999	9546

第四章　桥 涵 工 程

说　　明

本章定额包括开挖基坑，灌注桩，现浇混凝土及钢筋混凝土，预制、安装混凝土及钢筋混凝土构件，构件运输，拱盔、支架，钢结构和杂项工程等项目。

1. 定额中混凝土施工方法除小型构件采用人拌人捣外，其他均按机拌机捣计算。

2. 定额中混凝土工程均已包括操作范围内的混凝土运输。现浇混凝土工程的混凝土平均运距超过50m时，可根据施工组织的混凝土平均运距，按部颁预算定额中混凝土运输定额增列混凝土运输。

3. 除特殊说明外，混凝土定额中均已综合考虑脚手架、上下架、爬梯及安全围护等搭拆及摊销费用，使用定额时不得另行计算。

4. 定额中钢筋按选用图纸分为光圆钢筋和带肋钢筋，如设计图纸的钢筋比例与定额有出入时，可调整钢筋品种的比例关系。

5. 隧道锚碇开挖围岩等级按现行隧道设计、施工技术规范分为六级，即Ⅰ级～Ⅵ级。

6. 隧道锚碇开挖项目已综合考虑洞内、洞外运输。当洞外运输距离超过1km时，可根据施工组织设计的平均运距，按部颁预算定额增列土石方运输定额。

7. 灌注桩成孔土质分类参照部颁预算定额。定额中已按摊销方式计入钻架的制作、拼装、移位、拆除及钻头维修所耗用的工、料、机械台班数量。

8. 索塔项目中未包含扒杆、提升模架、拐脚门架等金属设备，需要时，应按有关定额另行计算。

9. 二次张拉预应力粗钢筋、二次张拉预应力钢绞线定额中均已计入预应力管道及两次压浆的消耗量,使用定额时不得另行计算。

10. 安装金属波纹涵管中每10m波纹钢管壁厚均按5.5mm计算(每米参考质量如下表),如设计厚度不同,可按设计质量调整。

管　　径(cm)	150	250	400	600
单位质量(kg/m)	329.1	538.9	822.7	1223.2

11. 金属波纹涵管不含基础垫层处理和回填土石方。

12. 顶推平台不含地梁以下桩基础部分,如有需要时,可根据施工组织另行计算。

13. 施工电梯、施工塔式起重机未计入定额中,需要时,根据施工组织设计另行计算其安拆及使用费。

14. 悬索桥猫道系统长度为猫道系统的单侧长度,以米(m)为单位计算。

15. 轨索滑移架设钢桁梁未包含拼梁台座、桁梁制运拼装,需要时,应按有关定额另行计算。

第一节　开 挖 基 坑

4-1-1　隧道锚碇开挖※

工程内容：1）量测、画线、打眼、装药、爆破、找顶、修整、脚手架、踏步安拆，一般排水；2）洞渣装、运、卸及道路养护。

单位：100m^3

顺序号	项　目	单位	代号	隧道锚碇开挖					
				围岩等级					
				Ⅰ	Ⅱ	Ⅲ	Ⅳ	Ⅴ	Ⅵ
				1	2	3	4	5	6
1	人工	工日	1	72.6	65.6	58.6	64.2	70.5	103.7
2	锯材	m^3	102	0.025	0.023	0.015	0.015	0.015	0.011
3	钢管	t	191	0.001	0.001	0.001	0.001	0.001	0.001
4	空心钢钎	kg	212	17.1	14.0	10.1	6.4	4.0	6.1
5	ϕ50mm 以内合金钻头	个	213	9	7	5	3	2	-
6	铁钉	kg	653	0.2	0.2	0.2	0.2	0.2	-
7	8~12 号铁丝	kg	655	2.1	2.1	2.1	2.1	2.1	-
8	硝铵炸药	kg	841	109.1	103.8	93.4	76.7	30.5	-
9	非电毫秒雷管	个	847	153	133	106	85	53	-

续前页 单位:$100m^3$

顺序号	项　目	单位	代号	隧道锚碇开挖					
				围岩等级					
				Ⅰ	Ⅱ	Ⅲ	Ⅳ	Ⅴ	Ⅵ
				1	2	3	4	5	6
10	导爆索	m	848	60	60	54	53	53	-
11	水	m^3	866	25	25	20	20	20	-
12	其他材料费	元	996	90.9	90.9	90.9	90.9	90.9	90.9
13	$0.6m^3$ 履带式单斗挖掘机	台班	1027	1.74	1.34	0.95	0.80	0.52	0.32
14	气腿式风动凿岩机	台班	1102	16.71	15.23	9.83	5.07	6.26	-
15	12t 以内自卸汽车	台班	1387	1.20	1.20	1.20	0.93	0.65	0.45
16	2t 以内铁斗车	台班	1412	1.84	1.84	1.84	2.02	2.04	2.25
17	50kN 以内双筒慢动电动卷扬机	台班	1516	1.76	1.35	0.95	0.81	0.52	0.32
18	$10m^3/min$ 以内电动空气压缩机	台班	1837	0.62	0.56	0.36	0.33	0.40	0.32
19	$20m^3/min$ 以内电动空气压缩机	台班	1838	3.20	2.91	1.88	1.63	1.99	-
20	小型机具使用费	元	1998	144.8	120.5	96.8	87.9	71.0	58.9
21	基价	元	1999	9491	8518	6932	6500	6324	6047

4-1-2 抽水机抽水

工程内容:水泵就位、安管、抽水,水泵拆除。

单位:1000m³

顺序号	项目	单位	代号	抽水
				1
1	人工	工日	1	3.0
2	150mm 以内电动单级离心清水泵	台班	1653	1.60
3	基价	元	1999	399

4-1-3 人工凿岩石

工程内容:凿石、清理、修边、检底、抛石渣于2m以外。

单位:$1m^3$

顺序号	项目	单位	代号	地面开凿			地槽开凿			地坑开凿		
				软石	次坚石	坚石	软石	次坚石	坚石	软石	次坚石	坚石
				1	2	3	4	5	6	7	8	9
1	人工	工日	1	0.6	1.0	1.8	0.7	1.1	2.7	1.0	1.5	4.2
2	钢钎	kg	211	0.5	1.5	3	0.5	1.6	3.13	0.5	1.6	3.5
3	其他材料费	元	996	1.4	1.9	2.7	1.8	2.5	3.9	1.8	2.8	4.1
4	基价	元	1999	34	60	106	40	66	157	53	86	232

注:地槽指槽长大于槽宽3倍,槽底宽在3m(不包括加宽工作面)以内的挖方;地坑指底面积在$20m^2$(不包括加宽工作面)以内的挖方。

第三节 打 桩 工 程

4-3-1 打基础圆木桩

工程内容:制作、运木桩;搭拆简单脚手架;安桩靴;安卸桩箍;木桩和吊锤定位;较桩、打桩;锯桩头。

单位:$10m^3$

顺序号	项目	单位	代号	人工打桩	
				I 组土	II 组土
				1	2
1	人工	工日	1	69.7	127.7
2	原木	m^3	101	0.005	0.005
3	锯材	m^3	102	0.025	0.025
4	圆木桩	m^3	107	10.866	11.028
5	铁件	kg	651	97.5	185.3
6	其他材料费	元	996	35.1	35.1
7	基价	元	1999	16103	19524

第四节 灌注桩工程

4-4-1 旋挖钻钻孔※

工程内容:1)安拆泥浆循环系统并造浆;2)准备钻具,装、拆、移钻架及钻机,安拆钻杆及钻头;3)钻进、压泥浆、排除故障、小修钻具、浮渣、清理泥浆池沉渣;4)清孔。

单位:10m

顺序号	项目	单位	代号	旋挖钻钻孔							
				桩径180cm以内				桩径200cm以内			
				孔深40m以内				孔深40m以内			
				砂土	黏土	砂砾	砾石	砂土	黏土	砂砾	砾石
				1	2	3	4	5	6	7	8
1	人工	工日	1	3.8	4.2	4.3	4.5	4.2	4.5	4.6	4.8
2	锯材	m^3	102	0.031	0.031	0.031	0.031	0.041	0.041	0.041	0.041
3	电焊条	kg	231	0.4	0.5	0.6	0.8	0.5	0.6	0.7	0.8
4	铁件	kg	651	0.3	0.3	0.3	0.3	0.3	0.3	0.3	0.3
5	水	m^3	866	68	61	73	92	73	65	78	110
6	黏土	m^3	911	14.3	8.94	17.20	19.79	15.90	9.70	18.24	20.34
7	其他材料费	元	996	1.6	1.8	2.1	2.7	1.8	2.0	2.3	3.0
8	设备摊销费	元	997	13.1	15.5	17.8	19.1	15.3	17.2	19.8	21.2

续前页　　单位:10m

顺序号	项目	单位	代号	旋挖钻钻孔							
				桩径180cm以内				桩径200cm以内			
				孔深40m以内				孔深40m以内			
				砂土	黏土	砂砾	砾石	砂土	黏土	砂砾	砾石
				1	2	3	4	5	6	7	8
9	1.0m^3履带式单斗挖掘机	台班	1035	0.05	0.05	0.05	0.05	0.06	0.06	0.06	0.06
10	15t以内载货汽车	台班	1378	0.13	0.13	0.13	0.13	0.16	0.16	0.16	0.16
11	20t汽车式起重机	台班	1453	0.14	0.14	0.14	0.14	0.17	0.17	0.17	0.17
12	旋挖钻机	台班	1605	0.51	0.63	0.72	0.95	0.60	0.74	0.85	1.11
13	容量100~150L泥浆搅拌机	台班	1624	0.34	0.34	0.34	0.39	0.41	0.40	0.42	0.46
14	32kV·A交流电弧焊机	台班	1726	0.02	0.04	0.06	0.12	0.03	0.04	0.06	0.06
15	基价	元	1999	5087	6060	6959	8966	5978	7184	8147	10433

第六节　现浇混凝土及钢筋混凝土

4-6-1　隧道锚碇混凝土浇筑※

工程内容:混凝土浇筑:1)模板制作、安装、拆除、修理、涂脱模剂、堆放;2)混凝土浇筑、捣固、养生。　定位支架:定位支架制作、起吊、安装。

单位:$10m^3$ 或 1t

顺序号	项　目	单位	代号	混凝土浇筑	隧道锚碇定位支架
				C30	型　钢
				1	2
1	人工	工日	1	6.5	18.2
2	C30 微膨胀聚丙纤维混凝土	m^3	90	(10.40)	-
3	原木	m^3	101	0.002	-
4	锯材	m^3	102	0.005	-
5	型钢	t	182	0.002	1.060
6	钢管	t	191	0.001	-
7	电焊条	kg	231	-	6.8
8	组合钢模板	t	272	0.009	-
9	铁件	kg	651	0.1	-
10	早强剂	kg	751	31.82	-

续前页　　　　单位:10m³ 或 1t

顺序号	项目	单位	代号	混凝土浇筑	隧道锚碇定位支架
				C30	型钢
				1	2
11	聚丙烯纤维	kg	756	9.36	-
12	微膨胀剂	kg	758	323.44	-
13	32.5 级水泥	t	832	2.922	-
14	水	m^3	866	18	-
15	中(粗)砂	m^3	899	5.09	-
16	粉煤灰	m^3	945	1.39	-
17	碎石(4cm)	m^3	952	6.86	-
18	其他材料费	元	996	6.6	30.7
19	$60m^3/h$ 以内混凝土输送泵	台班	1316	0.15	-
20	16t 以内汽车式起重机	台班	1452	-	0.17
21	30kN 以内单筒慢动电动卷扬机	台班	1499	-	0.56
22	100mm 以内电动多级离心清水泵 DA1-100-6	台班	1663	0.19	-
23	32kV·A 交流电弧焊机	台班	1726	0.02	5.03
24	小型机具使用费	元	1998	19.1	81.3
25	基价	元	1999	4469	5677

注:本定额混凝土已考虑外加剂,如设计采用的配合比与定额配合比不同时,可根据设计所提供的配合比予以调整。

4-6-2 索　塔※

工程内容: 1)钢模板制作、安装、拆除、修理、涂脱模剂、堆放；2)钢筋除锈、制作、电焊、绑扎、骨架吊装入模；3)混凝土运输、浇筑、捣固、养生；4)劲性骨架制作、安装。

I. 索塔混凝土

单位:10m³ 实体

顺序号	项目	单位	代号	立柱高度
				80m 以内
				1
1	人工	工日	1	14.2
2	C50 泵送混凝土	m^3	52	(10.80)
3	锯材	m^3	102	0.124
4	钢模板	t	271	0.032
5	门式钢支架	t	273	0.001
6	铁件	kg	651	21.4
7	铁钉	kg	653	0.1
8	42.5 级水泥	t	833	5.454
9	水	m^3	866	18
10	中(粗)砂	m^3	899	5.94
11	碎石(4cm)	m^3	952	7.24
12	其他材料费	元	996	36.2

续前页　　　　单位：$10m^3$ 实体

顺序号	项　目	单位	代号	立柱高度
				80m 以内
				1
13	$60m^3/h$ 以内混凝土输送泵	台班	1316	0.18
14	16t 以内汽车式起重机	台班	1452	0.15
15	30kN 以内单筒慢动卷扬机	台班	1499	2.32
16	150mm 以内电动多级离心水泵	台班	1665	0.96
17	小型机具使用费	元	1998	51.9
18	基价	元	1999	4795

II. 劲性骨架及钢筋

单位:1t

顺序号	项目	单位	代号	劲性骨架	立柱钢筋
					主筋连接方式
					套筒连接
					高度(m)
					80 以内
				2	3
1	人工	工日	1	16.9	8.8
2	光圆钢筋	t	111	–	0.042
3	带肋钢筋	t	112	–	0.983
4	型钢	t	182	1.060	–
5	电焊条	kg	231	17.0	1.9
6	钢筋连接套筒	个	232	–	10.89
7	铁件	kg	651	21.2	–
8	8~12 号铁丝	kg	655	–	1.2
9	20~22 号铁丝	kg	656	–	0.5
10	其他材料费	元	996	76.4	14.0
11	$2.0m^3$ 轮胎式装载机	台班	1050	0.11	–
12	16t 以内汽车式起重机	台班	1452	–	0.10
13	25t 汽车式起重机	台班	1454	0.11	–

续前页　　单位:1t

顺序号	项　　目	单位	代号	劲性骨架	立柱钢筋 主筋连接方式 套筒连接 高度(m) 80以内
				2	3
14	50kN以内单筒慢动卷扬机	台班	1500	0.78	0.25
15	40mm以内钢筋直螺纹滚丝机	台班	1704	-	0.15
16	32kV·A交流电弧焊机	台班	1726	1.70	0.57
17	小型机具使用费	元	1998	94.1	23.4
18	基价	元	1999	5558	4251

4-6-3 临时固结

工程内容:钢筋除锈、制作、预埋,钢板、型钢焊接、拆除。

单位:1个

顺序号	项目	单位	代号	临时固结
				1
1	人工	工日	1	27.6
2	带肋钢筋	t	112	1.311
3	型钢	t	182	2.801
4	钢板	t	183	0.874
5	电焊条	kg	231	62.5
6	其他材料费	元	996	695.9
7	8t以内载货汽车	台班	1375	0.50
8	30kN以内单筒慢动卷扬机	台班	1499	1.24
9	32kV·A交流电弧焊机	台班	1726	6.00
10	小型机具使用费	元	1998	196.5
11	基价	元	1999	22207

第七节 预制、安装混凝土及钢筋混凝土构件

4-7-1 二次张拉预应力粗钢筋

工程内容:1)钢筋调直、切断、焊接、除锈、弯锚;2)制作、安装 PVC 波纹管,胶管预留孔道或制作、安装波纹管成孔;3)浇铸锚头;4)松束、割切、拆除、堆放、机具安拆及保养。

单位:10t

顺序号	项目	单位	代号	预应力粗钢筋	
				每 10t704 根	每增减 1 根
				1	2
1	人工	工日	1	418.5	0.7
2	水泥浆	m^3	-	(3.41)	-
3	光圆钢筋	t	111	1.538	-
4	预应力粗钢筋	t	121	10.400	-
5	电焊条	kg	231	98.7	0.1
6	YGM-25 型锚具	套	590	1422.69	2.02
7	ϕ50mmPVC 波纹管	m	805	2336.73	-
8	32.5 级水泥	t	832	4.597	-
9	水	m^3	866	4	-

续前页　　　　单位:10t

顺序号	项　　目	单位	代号	预应力粗钢筋	
				每10t704根	每增减1根
				1	2
10	其他材料费	元	996	143.9	0.2
11	900kN以内预应力拉伸机	台班	1344	41.02	0.06
12	50kN以内单筒慢动电动卷扬机	台班	1500	4.05	-
13	32kV·A交流电弧焊机	台班	1726	19.01	0.03
14	小型机具使用费	元	1998	355.0	0.5
15	基价	元	1999	201007	160

4－7－2　二次张拉预应力钢绞线

工程内容:1)PVC管制作、安装;2)安装锚垫板、螺旋筋;3)钢绞线制作、穿束,安装锚具,切割钢绞线头、封锚头;4)压浆,机具安拆及保养等。

单位:1t钢绞线

顺序号	项　目	单位	代号	钢绞线 10m以内 3孔 每吨57.57束	钢绞线 10m以内 3孔 每增减1束
				1	2
1	人工	工日	1	103.5	1.6
2	水泥浆	m^3	-	(0.36)	-
3	光圆钢筋	t	111	0.029	-
4	钢绞线	t	125	1.040	-
5	电焊条	kg	231	0.6	-
6	二次张拉钢绞线锚具(3孔)	套	589	116.29	2.02
7	20~22号铁丝	kg	656	1.0	-
8	ϕ50mmPVC波纹管	m	805	258.01	-
9	32.5级水泥	t	832	0.489	-
10	其他材料费	元	996	39.7	-

续前页

单位:1t 钢绞线

顺序号	项　　目	单位	代号	钢　绞　线	
				10m 以内	
				3 孔	
				每吨 57.57 束	每增减 1 束
				1	2
11	钢绞线拉伸设备	台班	1349	22.18	0.38
12	32kV·A 交流电弧焊机	台班	1726	0.37	-
13	小型机具使用费	元	1998	70.5	1.2
14	基价	元	1999	35807	436

4-7-3 安装波纹管涵

工程内容:1)管体安装;2)密封防腐处理;3)圆管涵管体底部两侧楔形部回填夯实。

单位:10m

顺序号	项目	单位	代号	整体管		分片拼装管		
				150cm	250cm	250cm	400cm	600cm
				1	2	3	4	5
1	人工	工日	1	1.4	2.8	8.2	13.5	17.0
2	锯材	m^3	102	0.009	0.012	0.013	0.020	0.025
3	钢管	t	191	–	–	0.006	0.013	0.023
4	镀锌螺栓	kg	241	–	–	237.9	380.6	570.9
5	镀锌法兰	kg	245	54.4	59.8	–	–	–
6	耐候胶	kg	768	11.7	14.4	40.0	64.1	96.1
7	整体波纹钢管	t	809	3.291	5.389	–	–	–
8	分片波纹钢管	t	810	–	–	5.443	8.309	12.354
9	石油沥青	t	851	0.243	0.404	0.416	0.647	0.971
10	其他材料费	元	996	63.9	97.9	109.9	132.8	154.7
11	12t 以内载货汽车	台班	1377	0.06	0.09	0.10	0.12	0.14
12	12t 以内汽车式起重机	台班	1451	0.19	0.29	0.61	0.92	1.11
13	小型机具使用费	元	1998	24.8	35.0	68.9	104.4	110.1
14	基价	元	1999	42022	68208	67689	103767	153989

第八节 构件运输

4-8-1 金属构件运输

工程内容：设置一般支架、装车绑扎、按指定位置卸车、支垫稳固。

单位：10t

顺序号	项目	单位	代号	平板拖车运输				载货汽车运输			
				运距1km以内	运距3km以内	运距5km以内	每增5km	运距1km以内	运距3km以内	运距5km以内	每增5km
				1	2	3	4	5	6	7	8
1	人工	工日	1	1.3	1.8	1.9	–	1.2	1.6	1.7	–
2	锯材	m^3	102	0.030	0.030	0.030	–	0.028	0.028	0.028	–
3	钢管	t	191	0.002	0.002	0.002	–	–	–	–	–
4	8~12号铁丝	kg	655	1.8	1.8	1.8	–	1.3	1.3	1.3	–
5	其他材料费	元	996	1.1	1.1	1.1	–	1.9	1.9	1.9	–
6	8t以内载货汽车	台班	1375	–	–	–	–	0.45	0.60	0.63	0.11
7	20t以内平板拖车组	台班	1393	0.31	0.45	0.58	0.20	–	–	–	–
8	8t以内汽车式起重机	台班	1450	–	–	–	–	0.30	0.40	0.42	–
9	16t以内汽车式起重机	台班	1452	0.21	0.30	0.31	–	–	–	–	–
10	基价	元	1999	520	722	826	143	453	583	615	46

第九节　拱盔、支架工程

4-9-1　顶推平台

工程内容: 1)制、安、拆平台;2)安装、拆除、移动机固定桩架;3)管桩装、卸和运输;4)吊桩、定位、固定;5)设置桩垫、打桩和打送桩及拔桩;6)钢管桩内填心;7)钢管支架的制作、搭设及拆除;8)钢支架的预压。

单位:$100m^2$

顺序号	项　　目	单位	代号	顶推平台		
				高度(m)		
				5 以内	10 以内	15 以内
				1	2	3
1	人工	工日	1	162.6	224.0	358.7
2	C20 水泥混凝土	m^3	18	(5.50)	(8.58)	(14.34)
3	原木	m^3	101	4.937	4.937	4.937
4	锯材	m^3	102	0.783	0.789	0.801
5	型钢	t	182	0.008	0.012	0.020
6	钢板	t	183	0.365	0.365	0.730
7	电焊条	kg	231	62.0	63.7	109.3
8	钢管桩	t	262	0.927	1.863	3.081

续前页 单位:100m²

顺序号	项目	单位	代号	顶推平台		
				高度(m)		
				5以内	10以内	15以内
				1	2	3
9	组合钢模板	t	272	0.034	0.055	0.091
10	铁件	kg	651	158.4	165.4	178.4
11	铁钉	kg	653	0.4	0.4	0.4
12	32.5级水泥	t	832	1.640	2.556	4.273
13	水	m^3	866	6	10	17
14	中(粗)砂	m^3	899	2.70	4.20	7.03
15	砂砾	m^3	902	1.88	31.01	51.25
16	碎石(4cm)	m^3	952	4.62	7.21	12.05
17	其他材料费	元	996	287.1	315.3	396.9
18	20t以内载货汽车	台班	1379	0.40	0.85	1.63
19	15t以内履带式起重机	台班	1432	13.02	13.02	15.43
20	8t以内轮胎式起重机	台班	1440	0.17	0.34	0.51
21	5t以内汽车式起重机	台班	1449	0.15	0.15	0.15
22	12t以内汽车式起重机	台班	1451	-	0.41	0.69
23	30t汽车式起重机	台班	1455	0.40	0.85	1.63

续前页

单位:100m²

顺序号	项　　目	单位	代号	顶推平台		
				高度(m)		
				5 以内	10 以内	15 以内
				1	2	3
24	50kN 以内单筒慢动电动卷扬机	台班	1500	2.21	4.46	7.47
25	300kN 以内振动打拔桩锤	台班	1581	2.87	2.87	2.87
26	32kV·A 交流电弧焊机	台班	1726	11.33	12.03	18.23
27	小型机具使用费	元	1998	96.0	113.7	206.8
28	定额基价	元	1999	34650	45653	66730

注:1)钢管桩按正常10次摊销计,如特殊情况达不到此周转次数,可予以适当调整;2)5m以内墩高未考虑钢管桩内填芯。

第十节 钢结构工程

4－10－1 钢 管 拱

工程内容：拱肋安装：厂家制作运输，吊装前拱肋、横撑验收；爬梯、扶手等所有辅助设施准备；扣索下料、挤压P锚、安装、张拉；船只就位起吊、对接安装、焊接接头；拉紧风缆索、扣吊转换、拱轴线高程调整。 拱肋混凝土：清除弦管内杂物、积水，安装进料管、增压管、钻气孔、安装导管、砂浆润滑、泵送混凝土。 吊杆索制作安装：厂家制作船运至工地，用吊车转移至工地驳船。安装前先将吊杆各组件装配好，再在钢管拱上安装卷扬机，并将吊杆上锚具安装在钢管拱的吊杆位置。将卷扬机的钢丝绳从吊杆孔中穿过，降至驳船，连接好吊杆后起吊。起吊到位后安装锚具，调整索力，用环氧砂浆封闭锚头，安装吊杆下保护罩，50m内料具取放。 系杆索安装：将系杆索穿入支撑架，准备机具，在张拉平台上安装油泵、千斤顶，装锚具，分多次张，检查、锚固，50m内料具取放。 钢纵横梁：厂家制作运输；移船就位，起吊、安装就位，调整，与吊杆下锚头锚固。 钢立柱：厂家制作运输，卸船；安装前检查除锈；安装底座钢板及加劲肋；起吊、安装就位；与底座焊接，测量精确定位后，焊接顶板钢板。

Ⅰ.拱 肋 安 装

单位：1t及$10m^3$实体

顺序号	项 目	单位	代号	钢拱肋	拱肋混凝土
				1t	$10m^3$
				1	2
1	人工	工日	1	5.3	5.9
2	C50微膨胀混凝土	m^3	63	-	(10.40)
3	带肋钢筋	t	112	0.005	-

续前页

单位:1t 及 $10m^3$ 实体

顺序号	项目	单位	代号	钢拱肋	拱肋混凝土
				1t	$10m^3$
				1	2
4	钢铰线	t	125	0.049	-
5	型钢	t	182	0.016	-
6	钢板	t	183	0.004	-
7	钢丝绳	t	221	0.008	-
8	电焊条	kg	231	5.3	1.0
9	钢管拱肋	t	310	1.000	-
10	钢绞线群锚(7 孔)	套	576	0.01	-
11	钢绞线群锚(9 孔)	套	578	0.04	-
12	扁锚(3 孔)	套	591	0.02	-
13	扁锚(4 孔)	套	592	0.08	-
14	扁锚(5 孔)	套	593	0.06	-
15	8~12 号铁丝	kg	655	0.1	-
16	微膨胀剂	kg	758	-	460.6
17	52.5 级水泥	t	834	-	4.700
18	水	m^3	866	-	22
19	中(粗)砂	m^3	899	-	5.20
20	粉煤灰	m^3	945	-	0.62

续前页

单位:1t 及 $10m^3$ 实体

顺序号	项目	单位	代号	钢拱肋	拱肋混凝土
				1t	$10m^3$
				1	2
21	碎石(2cm)	m^3	951	-	6.90
22	其他材料费	元	996	146.7	81.3
23	$60m^3/h$ 以内混凝土输送泵	台班	1316	-	0.20
24	30kN 以内单筒慢动电动卷扬机	台班	1499	0.17	0.10
25	50kN 以内单筒慢动电动卷扬机	台班	1500	0.38	0.21
26	100kN 以内双筒快动电动卷扬机	台班	1525	0.34	0.21
27	5t 以内电动葫芦	台班	1538	0.41	0.16
28	10t 以内电动葫芦	台班	1539	0.51	0.31
29	32kV·A 交流电弧焊机	台班	1726	0.29	0.07
30	32kW 直流电弧焊机	台班	1733	0.25	-
31	147kW 以内内燃拖轮	艘班	1853	0.07	0.05
32	368kW 以内内燃拖轮	艘班	1857	0.07	0.05
33	441kW 以内内燃拖轮	艘班	1858	0.13	0.10
34	100t 以内工程驳船	艘班	1874	0.15	0.11
35	150t 以内工程驳船	艘班	1875	0.08	0.06
36	200t 以内工程驳船	艘班	1876	0.08	0.06
37	小型机具使用费	元	1998	1.6	-
38	基价	元	1999	9503	6420

II. 吊索及系杆安装

单位:1t

顺序号	项目	单位	代号	吊杆索	系杆索 系杆长度(m) 300 以上
				3	4
1	人工	工日	1	28.4	7.9
2	带肋钢筋	t	112	0.003	0.010
3	吊索	t	148	1.000	-
4	系杆	t	149	-	1.000
5	型钢	t	182	-	0.010
6	钢板	t	183	0.034	0.300
7	钢管	t	191	-	0.050
8	钢丝绳	t	221	0.020	0.020
9	电焊条	kg	231	1.0	3.0
10	其他材料费	元	996	466.4	289.3
11	300t 以内预应力拉伸机	台班	1346	3.85	0.23
12	20t 汽车式起重机	台班	1453	0.24	-
13	30kN 以内单筒慢动电动卷扬机	台班	1499	0.51	0.07
14	50kN 以内单筒慢动电动卷扬机	台班	1500	1.02	0.07
15	100kN 以内双筒快动电动卷扬机	台班	1525	1.02	0.07

续前页　　单位：1t

顺序号	项　目	单位	代号	吊　杆　索	系　杆　索 系杆长度（m） 300 以上
				3	4
16	5t 以内电动葫芦	台班	1538	0.76	0.07
17	10t 以内电动葫芦	台班	1539	1.53	0.07
18	147kW 以内内燃拖轮	艘班	1853	0.24	0.06
19	368kW 以内内燃拖轮	艘班	1857	–	0.06
20	100t 以内工程驳船	艘班	1874	0.56	0.07
21	150t 以内工程驳船	艘班	1875	0.56	0.07
22	基价	元	1999	23997	14847

Ⅲ. 纵、横梁安装

单位:1t

顺序号	项目	单位	代号	钢纵、横梁安装
				5
1	人工	工日	1	9.7
2	电焊条	kg	231	3.5
3	螺栓	kg	240	9.1
4	钢纵横梁	t	303	1.000
5	其他材料费	元	996	247.4
6	30kN 以内单筒慢动电动卷扬机	台班	1499	0.19
7	50kN 以内单筒慢动电动卷扬机	台班	1500	0.37
8	100kN 以内双筒快动电动卷扬机	台班	1525	0.37
9	32kV·A 交流电弧焊机	台班	1726	0.13
10	147kW 以内内燃拖轮	艘班	1853	0.09
11	368kW 以内内燃拖轮	艘班	1857	0.09
12	441kW 以内内燃拖轮	艘班	1858	0.18
13	100t 以内工程驳船	艘班	1874	0.20
14	150t 以内工程驳船	艘班	1875	0.10
15	200t 以内工程驳船	艘班	1876	0.10
16	小型机具使用费	元	1998	64.3
17	基价	元	1999	10170

Ⅳ. 钢立柱安装

单位:1t

顺序号	项　目	单位	代号	钢立柱
				6
1	人工	工日	1	10.9
2	电焊条	kg	231	1.0
3	拱上钢立柱	t	306	1.000
4	其他材料费	元	996	63.5
5	20t 汽车式起重机	台班	1453	0.09
6	30kN 以内单筒慢动电动卷扬机	台班	1499	0.19
7	50kN 以内单筒慢动电动卷扬机	台班	1500	0.39
8	100kN 以内双筒快动电动卷扬机	台班	1525	0.39
9	5t 以内电动葫芦	台班	1538	0.29
10	10t 以内电动葫芦	台班	1539	0.58
11	32kV·A 交流电弧焊机	台班	1726	0.14
12	147kW 以内内燃拖轮	艘班	1853	0.09
13	368kW 以内内燃拖轮	艘班	1857	0.09
14	100t 以内工程驳船	艘班	1874	0.21
15	150t 以内工程驳船	艘班	1875	0.11
16	基价	元	1999	8424

4-10-2 悬索桥猫道系统※

工程内容:1)猫道拉杆、托架安装与拆除,承重索制作,运输、架设、矢度调整,施工完成后拆除;2)猫道面层的铺设,猫道矢度调整,猫道门架及滚筒的安装、猫道悬挂以及猫道拆除;3)横向走道的制作、吊装与下滑到位,吊装钢箱梁之前的拆除;4)下压装置、变位钢架、制作结构安装与拆除;5)天车系统的安装、拆除。

单位:10m

顺序号	项目	单位	代号	猫道
				1000m 以内
				1
1	人工	工日	1	100.9
2	锯材	m^3	102	0.082
3	型钢	t	182	0.333
4	钢板	t	183	0.580
5	钢管	t	191	0.129
6	钢丝绳	t	221	0.016
7	镀锌高强钢丝绳	t	223	0.492
8	电焊条	kg	231	5.4
9	螺栓	kg	240	18.9
10	型钢立柱	t	248	0.047
11	钢支座	t	400	0.025
12	铁件	kg	651	8.3

续前页 单位:10m

顺序号	项　　目	单位	代号	猫　　道
				1000m 以内
				1
13	8~12 号铁丝	kg	655	2.6
14	铁丝编制网	m^3	693	95.5
15	其他材料费	元	996	509.3
16	设备摊销费	元	997	4711.4
17	3000kN 以内预应力拉伸机	台班	1346	0.11
18	10t 以内载货汽车	台班	1376	1.20
19	20t 以内平板拖车组	台班	1393	0.28
20	25t 汽车式起重机	台班	1454	0.42
21	50kN 以内单筒慢动电动卷扬机	台班	1500	3.26
22	100kN 以内单筒慢动电动卷扬机	台班	1502	1.32
23	250kN 以内双筒慢动电动卷扬机	台班	1519	1.28
24	32kV·A 交流电弧焊机	台班	1726	2.81
25	小型机具使用费	元	1998	31.9
26	基价	元	1999	25586

注:本定额猫道宽度为4.2m,定额中未包括猫道承重索制作加工场地及张拉槽座的费用,需要时另行计算。

4－10－3　轨索滑移架设钢桁梁※

工程内容:1)锚碇开挖、混凝土及钢筋的全部工序、锚索制作安装、索孔注浆、锚索张拉封锚、锚固底座定位;2)轨索牵引过谷、锚头浇铸、锚固;3)吊鞍的制作、安装、纵向约束、拆除;4)运梁小车和天顶小车的制作、安装、拆除;5)钢桁梁节段入轨、纵向移梁、体系转换、小车退回、安装下一节段。

单位:表列单位

顺序号	项　目	单位	代号	轨索滑移架设钢桁梁			
				轨索锚固系统	轨索系统	牵引系统	钢桁梁架设
				个	10t	10t	10t
				1	2	3	4
1	人工	工日	1	1575.0	19.8	1.7	30.0
2	C30 水泥混凝土	m^3	20	(27.03)	-	-	-
3	水泥浆	m^3	-	(5.87)	-	-	-
4	锯材	m^3	102	0.204	-	-	0.008
5	带肋钢筋	t	112	1.577	-	-	-
6	钢绞线	t	125	4.050	-	-	-
7	吊鞍	t	146	-	0.125	-	-
8	型钢	t	182	2.751	-	-	-
9	钢板	t	183	0.489	-	-	-
10	圆钢	t	184	-	-	-	0.002
11	轨索锚固底座	t	187	26.560	-	-	-

续前页

单位:表列单位

顺序号	项目	单位	代号	轨索滑移架设钢桁梁			
				轨索锚固系统	轨索系统	牵引系统	钢桁梁架设
				个	10t	10t	10t
				1	2	3	4
12	钢管	t	191	0.159	–	–	–
13	ϕ150mm 以内合金钻头	个	214	4.8	–	–	–
14	钢丝绳	t	221	–	0.003	0.060	–
15	镀锌高强钢丝绳	t	223	–	0.013	–	0.011
16	密封钢丝绳	t	224	–	0.103	–	–
17	电焊条	kg	231	17.5	–	–	–
18	钢管桩	t	262	8.812	–	–	–
19	钢绞线群锚(12 孔)	套	580	8.08	–	–	–
20	运梁小车	t	797	–	–	–	0.137
21	PVC 注浆管	m	807	365.3	–	–	–
22	32.5 级水泥	t	832	18.155	–	–	–
23	水	m^3	866	33	–	–	–
24	中(粗)砂	m^3	899	12.43	–	–	–
25	碎石(4cm)	m^3	952	22.43	–	–	–
26	其他材料费	元	996	5336.8	116.2	52.0	197.3

续前页

单位:表列单位

顺序号	项目	单位	代号	轨索滑移架设钢桁梁			
				轨索锚固系统	轨索系统	牵引系统	钢桁梁架设
				个	10t	10t	10t
				1	2	3	4
27	设备摊销费	元	997	-	97.3	60.7	-
28	38 ~170mm 液压锚固钻机	台班	1119	52.56	-	-	-
29	200L 以内灰浆搅拌机	台班	1280	0.86	-	-	-
30	$3m^3/h$ 以内灰浆输送泵	台班	1285	0.86	-	-	-
31	钢绞线拉伸设备	台班	1347	6.39	-	-	-
32	15t 以内载货汽车	台班	1378	11.25	0.06	-	0.04
33	25t 汽车式起重机	台班	1454	9.38	0.08	-	-
34	500t 跨缆吊机	台班	1495	-	-	-	0.33
35	50kN 以内单筒慢动卷扬机	台班	1500	18.75	-	-	0.71
36	100kN 以内单筒慢动卷扬机	台班	1502	-	0.35	0.11	0.28
37	300kN 以内单筒慢动卷扬机	台班	1504	-	-	-	0.23
38	32kV·A 交流电弧焊机	台班	1726	10.78	0.14	-	-
39	$17m^3/min$ 以内机动空气压缩机	台班	1844	40.30	-	-	-
40	小型机具使用费	元	1998	654.5	162.5	55.0	154.9
41	基价	元	1999	791003	8457	622	9631

第十一节　杂 项 工 程

4－11－1　桥面抛丸打砂

工程内容:1)强力清扫机清扫路面,人工清扫;2)安装、移动抛丸打砂系统;3)抛丸打砂,回收钢珠。

单位:100m²

顺序号	项　　目	单位	代号	桥面抛丸打砂
				1
1	人工	工日	1	1.4
2	钢丸	t	563	0.006
3	其他材料费	元	996	51.5
4	抛丸机	台班	1247	0.12
5	机动路面清扫机	台班	1257	0.12
6	6t 以内载货汽车	台班	1374	0.05
7	50kW 以内柴油发电机组	台班	1794	0.12
8	$8m^3$/min 以内吹风机	台班	1942	0.12
9	小型机具使用费	元	1998	35.0
10	基价	元	1999	431

4-11-2 安全通道

工程内容: 1)混凝土及钢筋的全部工序;2)钢管立柱安拆;3)型钢焊接、搭设面板、护栏安拆;4)刷涂立柱反光油漆。

单位:10m^2

顺序号	项目	单位	代号	安全通道
				1
1	人工	工日	1	6.6
2	C20 水泥混凝土	m^3	18	(0.56)
3	锯材	m^3	102	0.327
4	光圆钢筋	t	111	0.008
5	带肋钢筋	t	112	0.002
6	型钢	t	182	0.095
7	钢板	t	183	0.242
8	电焊条	kg	231	12.6
9	钢管立柱	t	247	0.032
10	铁钉	kg	653	0.9
11	铁丝编制网	m^2	693	1.40
12	反光油漆	kg	767	1.1
13	32.5 级水泥	t	832	0.167
14	水	m^3	866	1

续前页

单位:$10m^2$

顺序号	项目	单位	代号	安全通道
				1
15	中(粗)砂	m^3	899	0.27
16	碎石(4cm)	m^3	952	0.47
17	其他材料费	元	996	9.0
18	250L以内强制式混凝土搅拌机	台班	1272	0.02
19	12t以内载货汽车	台班	1377	0.13
20	12t以内汽车式起重机	台班	1451	0.16
21	32kV·A交流电弧焊机	台班	1726	0.51
22	小型机具使用费	元	1998	5.5
23	基价	元	1999	2967

4－11－3　桥 面 防 水 层

工程内容：清扫桥面、配制、喷洒防水剂。

单位：$1000m^2$

顺序号	项　目	单位	代号	桥面防水层
				1
1	人工	工日	1	12.4
2	桥面丙烯酸酯防水涂料	kg	759	571.4
3	其他材料费	元	996	40.7
4	小型机具使用费	元	1998	97.3
5	基价	元	1999	20461

4-11-4 钢爬梯

工程内容:放样、划线、下料、拼装、焊接、刷防锈漆一遍及成品堆放安装、安放、焊接。

单位:t

顺序号	项目	单位	代号	钢爬梯		
				踏步式	爬式	螺旋式
				1	2	3
1	人工	工日	1	33.0	33.5	30.3
2	型钢	t	182	0.019	0.197	-
3	钢板	t	183	0.766	0.567	0.493
4	圆钢	t	184	0.275	0.296	0.190
5	钢管	t	191	-	-	0.377
6	电焊条	kg	231	26.5	26.5	39.4
7	螺栓	kg	240	1.7	-	1.7
8	其他材料费	元	996	167.9	149.1	167.9
9	5t以内龙门式起重机	台班	1481	0.35	0.35	0.35
10	42kV·A交流电弧焊机	台班	1727	3.65	3.65	3.94
11	$10m^3/min$以内电动空气压缩机	台班	1837	0.07	0.07	0.07
12	组合烘箱	台班	1988	0.71	0.71	0.71
13	小型机具使用费	元	1998	93.9	93.9	93.9
14	基价	元	1999	7072	6899	7601

4-11-5　现浇混凝土楼梯

工程内容:混凝土搅拌、浇捣、养护等全部操作过程。

单位:$10m^2$ 投影面积

顺序号	项　　目	单位	代号	现浇混凝土楼梯	
				直　　行	弧　　形
				1	2
1	人工	工日	1	5.8	4.9
2	C20 水泥混凝土	m^3	18	(2.60)	(1.78)
3	32.5 级水泥	t	832	0.819	0.561
4	水	m^3	866	5	4
5	中(粗)砂	m^3	899	1.27	0.87
6	碎石(2cm)	m^3	951	2.13	1.46
7	其他材料费	元	996	2.4	2.5
8	350L 以内强制式混凝土搅拌机	台班	1273	0.26	0.17
9	小型机具使用费	元	1998	2.77	1.87
10	基价	元	1999	779	580

4-11-6　钢结构防腐

工程内容:钢管喷砂除锈:运砂、烘砂、喷砂,除锈标准 Sa2 级以上,砂子回收,清理现场及修理机具。　钢管喷铝:运料、铝丝和钢丝脱脂、喷镀、质量检测。　钢管喷防锈漆:运料、表面清洗、配制、涂刷。

单位:$10m^2$

顺序号	项目	单位	代号	钢管喷砂除锈		钢管喷铝	钢管喷防锈漆(1遍)	钢管喷防锈漆每增1遍
				内壁	外壁			
				1	2	3	4	5
1	人工	工日	1	3.8	2.5	11.1	1.3	1.2
2	铝丝	kg	415	-	-	9.7	-	-
3	酚醛防锈漆(各色)	kg	416	-	-	-	1.7	1.5
4	煤	t	864	0.046	0.046	-	-	-
5	水	m^3	866	-	-	0.2	-	-
6	其他材料费	元	996	50.3	41.5	100.6	13.8	13.2
7	20t 汽车式起重机	台班	1453	0.06	0.06	0.06	0.09	0.09
8	$10m^3$/min 以内电动空气压缩机	台班	1837	0.52	0.35	1.15	-	-
9	$3m^3$/min 以内电动空气压缩机	台班	1835	-	-	-	0.12	0.10
10	7.5kW 以内轴流式通风机	台班	1931	-	-	2.30	-	-
11	30kW 以内轴流式通风机	台班	1932	0.42	-	-	-	-
12	$18m^3$/min 以内吹风机	台班	1943	0.32	0.31	-	-	-

续前页　　　　单位：10m²

顺序号	项　　目	单位	代号	钢管喷砂除锈		钢管喷铝	钢管喷防锈漆（1遍）	钢管喷防锈漆每增1遍
				内壁	外壁			
				1	2	3	4	5
13	喷砂除锈机	台班	1980	0.52	0.35	–	–	–
14	热喷涂铝机	台班	1981	–	–	1.15	–	–
15	小型机具使用费	元	1998	–	–	–	16.0	15.6
16	基价	元	1999	682	471	1674	230	218

4-11-7 桥梁 PVC 排水管

工程内容:排水管切割、埋设卡箍、涂胶合口、找正、安装。

单位:10m

顺序号	项目	单位	代号	PVC 塑料排水管	
				管径 ϕ100mm	管径 ϕ160mm
				1	2
1	人工	工日	1	3.0	3.3
2	PVC 塑料管(ϕ100mm)	m	780	10.6	-
3	PVC 塑料管(ϕ160mm)	m	806	-	10.6
4	其他材料费	元	996	87.0	211.7
5	基价	元	1999	373	765

注:定额包含 90°弯头的安装与材料消耗。

4－11－8　卷 材 防 水

工程内容:配制涂刷冷底子油,熬制玛蹄脂,防水薄弱处贴附加层,铺贴玛蹄脂卷材。

单位:100m^2

顺序号	项　　目	单位	代号	玛蹄脂卷材	
				二毡三油,平面	每增加一毡一油
				1	2
1	人工	工日	1	8.9	3.7
2	滑石粉	kg	815	206.0	68.7
3	油毛毡	m^3	825	239.76	116.49
4	石油沥青	t	851	0.515	0.167
5	汽油	kg	862	37.3	-
6	木柴	kg	867	227.7	66.0
7	基价	元	1999	3557	1220

4－11－9 钢管栏杆及扶手安装

工程内容:钢管栏杆:1)选料、切口、挖孔、切割;2)安装、焊接、校正、固定等(不包括混凝土捣脚)。 钢管扶手:1)切割钢管、钢板;2)钢管挖眼、调直;3)安装、焊接等。

单位:100m 及 1t

顺序号	项目	单位	代号	钢管栏杆	防撞护栏钢管扶手
				100m	t
				1	2
1	人工	工日	1	39.7	17.6
2	光圆钢筋	t	111	0.038	-
3	钢板	t	183	0.059	0.192
4	钢管	t	191	1.536	0.868
5	电焊条	kg	231	29.0	11.1
6	其他材料费	元	996	69.4	-
7	32kV·A 交流电弧焊机	台班	1726	5.91	2.50
8	基价	元	1999	11788	6906

4-11-10 基础固结灌浆

工程内容:冲洗、压水、制浆、灌浆、封孔、孔位转移。

单位:100m

顺序号	项目	单位	代号	透水率(Lu)			
				≤4	4~7	7~10	≥10
				1	2	3	4
1	人工	工日	1	50.3	53.8	58.1	63.8
2	32.5 级水泥	t	832	2.550	4.650	7.200	9.4
3	水	m^3	866	429	513	588	785
4	其他材料费	元	996	154.6	244.2	337.7	406.1
5	灰浆搅拌机	台班	1280	10.06	10.75	11.63	12.75
6	电动灌浆机	台班	1291	10.06	10.75	11.63	12.75
7	2.0t 以内机动翻斗车	台班	1410	1.75	3.19	5.13	6.44
8	小型机具使用费	元	1998	86.6	107.0	134.0	155.9
9	基价	元	1999	5479	6882	8609	10202

第五章　防 护 工 程

说　　明

1. 柔性防护网中不包含植草费用,使用时套用有关定额计算。
2. 锚杆护坡工程量为锚杆长度与工作长度的质量之和。

5-1-1 主动柔性防护网※

工程内容:清理坡面、放样、钻孔安装锚索锚杆、挂网缝合。

单位:100m²

顺序号	项目	单位	代号	主动柔性防护网
				1
1	人工	工日	1	20.1
2	光圆钢筋	t	111	0.010
3	镀锌钢丝绳	t	227	0.182
4	三维植被网	m^3	774	112.2
5	U形锚钉	kg	775	63.8
6	32.5级水泥	t	832	0.034
7	水	m^3	866	2
8	中(粗)砂	m^3	899	0.07
9	其他材料费	元	996	42.1
10	手持式风动凿岩机	台班	1101	4.28
11	200L以内灰浆搅拌机	台班	1280	0.39
12	电动灌浆机	台班	1291	0.40
13	$9m^3/min$以内机动空气压缩机	台班	1842	1.36
14	小型机具使用费	元	1998	55.0
15	基价	元	1999	5439

5－1－2 路堑边坡锚杆※

工程内容:1)清理坡面;2)钻孔测量、布孔;3)搭设及拆除脚手架平台;4)钻孔、注浆;5)锚杆制作、安装。

单位:1t

顺序号	项目	单位	代号	路堑边坡锚杆		
				10m	20m	30m
				1	2	3
1	人工	工日	1	61.3	69.2	77.5
2	M30 水泥砂浆	m^3	72	(1.38)	(1.44)	(1.50)
3	光圆钢筋	t	111	0.023	0.023	0.023
4	带肋钢筋	t	112	1.124	1.124	1.124
5	钢板	t	183	0.040	0.040	0.040
6	空心钢钎	kg	212	5.4	5.4	5.4
7	ϕ50mm 以内合金钻头	个	213	13.0	13.0	13.0
8	电焊条	kg	231	3.2	3.2	3.2
9	32.5 级水泥	t	832	0.845	0.882	0.918
10	水	m^3	866	20	22	24
11	中(粗)砂	m^3	899	1.37	1.43	1.49
12	其他材料费	元	996	447.7	472.3	498.3
13	气腿式风动凿岩机	台班	1102	6.40	7.00	8.16

续前页 单位:1t

顺序号	项目	单位	代号	路堑边坡锚杆		
				10m	20m	30m
				1	2	3
14	200L以内灰浆搅拌机	台班	1280	0.58	0.59	0.60
15	排出压力44MPa高压注浆泵	台班	1643	1.01	1.14	1.35
16	32kV·A交流电弧焊机	台班	1726	0.35	0.35	0.35
17	20m^3/min以内电动空气压缩机	台班	1838	3.06	3.34	3.89
18	小型机具使用费	元	1998	210.8	218.8	231.6
19	基价	元	1999	10623	11251	12086

第六章　交通工程及沿线设施

说　明

1. 波形钢板护栏(钻孔埋入式)在部颁预算定额基础上,增加基础钻孔人工、机械消耗,其中钢管柱按柱的成品质量计算;波形钢板按波形钢板、端头板(包括端部定额的锚碇板、夹具、挡板)与撑架的总质量计算,柱帽、固定螺栓、连接螺栓、钢丝绳、螺母及垫圈等附件已综合在定额内,使用定额时,不得另行计算。

2. 插拔式护栏按护栏钢管、立柱及套管重量计算,固定螺栓及连接螺栓等附件已综合在定额内,使用定额时,不得另行计算。

3. 绿化工程定额中的材料、成品、半成品均已包括场内运输及操作损耗,编制预算时,不得另行增加。其场外运输损耗、仓库保管损耗以及由于材料供应规格和质量不符合定额规定而发生的加工损耗,应在材料预算价格内考虑。

4. 本定额中已综合了挖树穴工程量(按下表数量进行计算),底肥费用计入其他材料费中,浇水按 10 次计算,成活期养护按 1 个月计算,其余项目(包括松土除草、追肥、超过 10 次以上的浇水、超过 1 个月以上的成活期养护及初期养护等)均计入绿化日常养护项目,不得再次计算。

5. 带土球、灌木栽植土球的规格按设计要求确定,当设计无规定时:常绿乔木按胸径 8 ~ 10 倍计算;落叶乔木按胸径 8 倍计算;灌木按地径的 7 倍或按灌高的 1/3 ~ 1/4 计算;

6. 定额中种植土按材料计入定额中,使用时可按实际材料单价计算。

乔木挖树穴体积对照表（带土球乔、灌木）

规　　格	10 以内	20 以内	30 以内	40 以内	50 以内	60 以内
直径 D(cm)	30	40	50	60	70	90
深 H(cm)	20	30	40	40	50	50
树穴体积(m^3)	0.014	0.037	0.078	0.112	0.191	0.316
100 株树穴体积(m^3)	1.4	3.7	7.8	11.2	19.1	31.6
规　　格	70 以内	80 以内	90 以内	100 以内	110 以内	120 以内
直径 D(cm)	100	110	120	130	140	150
深 H(cm)	60	75	80	90	95	100
树穴体积(m^3)	0.468	0.708	0.899	1.186	1.452	1.755
100 株树穴体积(m^3)	46.8	70.8	89.9	118.6	145.2	175.5

注：土球体积 $V=0.78\times D^2\times H$；D：土球直径；H：土球厚度

裸根乔木挖树穴体积对照表

规　　格	3～5	5～7	7～10
直径 D(cm)	60	85	110
深 H(cm)	45	55	70
树穴体积(m^3)	0.126	0.310	0.661
100 株树穴体积(m^3)	12.6	31.0	66.1

裸根灌木挖树穴体积对照表

规　　格	40 以内	60 以内	80 以内	100 以内	120 以内	150 以内
直径 D(cm)	25	40	40	40	50	50
深 H(cm)	25	30	30	30	40	40
树穴体积(m^3)	0.012	0.037	0.037	0.037	0.078	0.078
100 株树穴体积(m^3)	1.2	3.7	3.7	3.7	7.8	7.8

第一节　安 全 设 施

6－1－1　波形钢板护栏

工程内容：测量放样、基础混凝土工作的全部工序、钻孔、波形钢板安装撑架固定螺栓及连接螺栓。

单位：1t

顺序号	项　目	单位	代号	钢管立柱
				钻孔埋入式
				1
1	人工	工日	1	16.6
2	钢板	t	183	0.032
3	电焊条	kg	231	6.0
4	钢管立柱	t	247	1.000
5	其他材料费	元	996	11.6
6	150mm 以内履带式潜孔钻车	台班	1115	0.47
7	2t 以内载货汽车	台班	1370	0.45
8	32kV·A 以内交流电弧焊机	台班	1726	0.85
9	$12m^3$/min 以内机动空压机	台班	1843	0.47
10	小型机具使用费	元	1998	47.0
11	基价	元	1999	7585

6-1-2 插拔式护栏

工程内容：放样、护栏安装；安装钢管、预埋套管、固定螺栓及连接螺栓。

单位：1t

顺序号	项目	单位	代号	插拔式护栏
				1
1	人工	工日	1	0.7
2	钢管护栏	t	252	1
3	载货汽车	台班	1372	0.02
4	基价	元	1999	7600

6-1-3 凤尾栏杆

工程内容:1)模板安装、拆除、修理、涂脱模剂、堆放;2)钢筋除锈、制作、绑扎;3)混凝土运输、浇筑、捣固及养生。

单位:10m³ 或 1t

顺序号	项目	单位	代号	混凝土	钢筋
				10m³	t
				1	2
1	人工	工日	1	56.3	15.7
2	C30 水泥混凝土	m³	20	(10.20)	-
3	原木	m³	101	0.042	-
4	锯材	m³	102	0.071	-
5	带肋钢筋	t	112	0.002	1.025
6	钢模板	t	271	0.232	-
7	铁件	kg	651	24.4	-
8	20~22 号铁丝	kg	656	-	5.5
9	32.5 级水泥	t	832	3.845	-
10	水	m³	866	12	-
11	中(粗)砂	m³	899	4.69	-
12	碎石(4cm)	m³	952	8.47	-
13	其他材料费	元	996	119.0	-

续前页

单位:$10m^3$ 或 1t

顺序号	项　　目	单位	代号	混　凝　土	钢　　筋
				$10m^3$	t
				1	2
14	250L 以内混凝土搅拌机	台班	1272	0.42	–
15	1t 以内的机动翻斗车	台班	1408	0.38	–
16	小型机具使用费	元	1998	7.9	23.1
17	基价	元	1999	6613	4314

第七节 绿 化 工 程

6-7-1 栽 植 乔 木

工程内容:1)施工准备;2)挖基坑;3)下基肥;4)栽植;5)立支架;6)场地清理;7)浇水前刨坑围堰;8)浇水;9)修剪。

单位:100 株

顺序号	项目	单位	代号	胸径(cm)		胸径(cm)		胸径(cm)		胸径(cm)	
				3~5		3~5		3~5		3~5	
				松土		普通土		硬土		碎石土	
				全树冠	半树冠	全树冠	半树冠	全树冠	半树冠	全树冠	半树冠
				1	2	3	4	5	6	7	8
1	人工	工日	1	9.8	9.8	11.4	11.4	15.0	14.9	20.1	20.0
2	乔木	株	823	105	105	105	105	105	105	105	105
3	水	m^3	866	11	11	11	11	11	11	11	11
4	其他材料费	元	996	287.5	237.5	287.5	237.5	287.5	237.5	287.5	237.5
5	4000L 洒水汽车	台班	1404	0.06	0.06	0.06	0.06	0.06	0.06	0.06	0.06
6	小型机具使用费	元	1998	2.2	1.9	2.3	2.0	2.7	2.4	2.9	2.6
7	基价	元	1999	2380	2329	2459	2408	2636	2581	2887	2832

续前页 单位:100 株

顺序号	项目	单位	代号	胸径(cm)		胸径(cm)		胸径(cm)		胸径(cm)	
				5~7		5~7		5~7		5~7	
				松土		普通土		硬土		碎石土	
				全树冠	半树冠	全树冠	半树冠	全树冠	半树冠	全树冠	半树冠
				9	10	11	12	13	14	15	16
1	人工	工日	1	12.6	12.5	14.3	14.2	19.7	19.7	25.3	25.2
2	乔木	株	823	105	105	105	105	105	105	105	105
3	水	m^3	866	12	12	12	12	12	12	12	12
4	其他材料费	元	996	303.0	253.0	303.0	253.0	303.0	253.0	303.0	253.0
5	4000L 洒水汽车	台班	1404	0.08	0.08	0.08	0.08	0.08	0.08	0.08	0.08
6	小型机具使用费	元	1998	6.0	5.5	6.3	5.8	6.9	6.4	7.2	6.7
7	基价	元	1999	2546	2491	2630	2575	2897	2846	3172	3117

续前页 单位:100株

顺序号	项目	单位	代号	胸径(cm)		胸径(cm)		胸径(cm)		胸径(cm)	
				7~10		7~10		7~10		7~10	
				松土		普通土		硬土		碎石土	
				全树冠	半树冠	全树冠	半树冠	全树冠	半树冠	全树冠	半树冠
				17	18	19	20	21	22	23	24
1	人工	工日	1	20.3	20.3	24.7	24.7	36.1	36.1	47.5	47.5
2	乔木	株	823	105	105	105	105	105	105	105	105
3	水	m^3	866	20	20	20	20	20	20	20	20
4	其他材料费	元	996	353.0	303.0	353.0	303.0	353.0	303.0	353.0	303.0
5	4000L洒水汽车	台班	1404	0.09	0.09	0.09	0.09	0.09	0.09	0.09	0.09
6	小型机具使用费	元	1998	10.0	9.5	10.7	10.2	12.3	11.8	13.0	12.5
7	基价	元	1999	2988	2937	3205	3154	3767	3717	4329	4279

6-7-2 栽植灌木

工程内容:1)施工准备;2)挖基坑;3)下基肥;4)栽植;5)立支架;6)场地清理;7)浇水前刨坑围堰;8)浇水;9)修剪。

单位:100株

顺序号	项目	单位	代号	株高(m)			
				0.8			
				松土	普通土	硬土	碎石土
				1	2	3	4
1	人工	工日	1	2.6	3.1	4.2	5.4
2	灌木	株	824	105	105	105	105
3	水	m^3	866	12	12	12	12
4	其他材料费	元	996	113.0	113.0	113.0	113.0
5	4000L 洒水汽车	台班	1404	0.12	0.12	0.12	0.12
6	小型机具使用费	元	1998	0.5	0.5	0.5	0.5
7	基价	元	1999	1352	1377	1431	1490

续前页　　　　单位：100 株

顺序号	项　　目	单位	代号	株　　高(m)			
				1.0			
				松土	普通土	硬土	碎石土
				5	6	7	8
1	人工	工日	1	3.3	3.4	4.6	6.1
2	灌木	株	824	105	105	105	105
3	水	m^3	866	14	14	14	14
4	其他材料费	元	996	113.0	113.0	113.0	113.0
5	4000L 洒水汽车	台班	1404	0.12	0.12	0.12	0.12
6	小型机具使用费	元	1998	1.6	1.6	1.6	1.6
7	基价	元	1999	1389	1394	1453	1526

续前页　　　　单位:100株

顺序号	项　　目	单位	代号	株　高(m)			
				1.2			
				松土	普通土	硬土	碎石土
				9	10	11	12
1	人工	工日	1	3.6	4.5	6.7	8.9
2	灌木	株	824	105	105	105	105
3	水	m^3	866	17	17	17	17
4	其他材料费	t	996	113.0	113.0	113.0	113.0
5	4000L洒水汽车	台班	1404	0.13	0.13	0.13	0.13
6	小型机具使用费	元	1988	3.6	3.6	3.6	3.6
7	基价	元	1999	1411	1456	1564	1672

续前页

单位:100 株

顺序号	项目	单位	代号	株高(m)			
				1.5			
				松土	普通土	硬土	碎石土
				13	14	15	16
1	人工	工日	1	4.0	4.6	6.7	9.0
2	灌木	株	824	105	105	105	105
3	水	m^3	866	19	19	19	19
4	其他材料费	元	996	113.0	113.0	113.0	113.0
5	4000L 洒水汽车	台班	1404	0.13	0.13	0.13	0.13
6	小型机具使用费	元	1988	5.7	5.7	5.7	5.7
7	基价	元	1999	1434	1464	1567	1680

6－7－3　临时性假植

工程内容:挖假植沟、埋树苗、覆土、管理。

单位:100 株

顺序号	项　　目	单位	代号	假植乔木(裸根)			
				胸　　径(cm)			
				3～5	5～7	7～10	10 以上
				1	2	3	4
1	人工	工日	1	1.2	2.4	6.3	13.2
2	基价	元	1999	59	118	310	649

续前页

单位:100 株

顺序号	项　　目	单位	代号	假植乔木(裸根)			
				冠丛高(m)			
				0.8	1.0	1.2	1.5
				5	6	7	8
1	人工	工日	1	0.50	0.60	0.90	1.20
2	基价	元	1999	25	30	44	59

6-7-4 大树移植

工程内容:起挖、修剪、出坑、搬运集中、回土填坑、挖坑、栽植(落坑、扶正、回土、捣实、筑水围)、施基肥、浇水、覆土、保墒、整形、清理。

单位:10 株

顺序号	项目	单位	代号	土球直径(cm 以内)			
				140	160	180	200
				1	2	3	4
1	人工	工日	1	36.0	49.0	66.1	89.2
2	水	m^3	866	7	9	12	13
3	草绳	kg	816	200	260	330	410
4	8t 汽车式起重机	台班	1450	0.64	0.69	–	–
5	16t 汽车式起重机	台班	1452	–	–	1.43	2.18
6	基价	元	1999	2275	2990	4718	6547

附录一　新增材料、机械台班单价表

序　号	名　　称	单　　位	单　　价	代　　号	备　　注
1	C50 微膨胀混凝土	m^3	-	63	
2	C30 微膨胀聚丙纤维混凝土	m^3	-	90	
3	圆木桩	m^3	1120.00	107	
4	吊鞍	t	35900.00	146	
5	轨索锚固底座	t	20500.00	187	
6	药卷	kg	2.29	209	
7	ϕ22 中空注浆锚杆	m	25.00	210	
8	ϕ25 中空注浆锚杆	m	28.00	215	
9	ϕ28 中空注浆锚杆	m	32.00	219	
10	ϕ32 中空注浆锚杆	m	36.00	222	
11	镀锌高强钢丝绳	t	11300.00	223	
12	密封钢丝绳	t	21800.00	224	
13	镀锌钢丝绳	t	8000.00	227	
14	钢管护栏	t	7560.00	252	
15	拱上钢立柱	t	7000.00	306	
16	铝丝	kg	20.00	415	

续前页

序　号	名　　称	单　　位	单　　价	代　　号	备　　注
17	酚醛防锈漆(各色)	kg	11.31	416	
18	二次张拉钢绞线锚具(3孔)	套	150.00	589	
19	YGM-25 型锚具	套	60.00	590	
20	扁锚(3孔)	套	60.00	591	
21	扁锚(4孔)	套	80.00	592	
22	扁锚(5孔)	套	100.00	593	
23	塑料注浆阀管	m	18.73	600	
24	环氧沥青漆	kg	17.90	730	
25	微膨胀剂	kg	5.50	758	
26	桥面丙烯酸酯防水涂料	kg	34.50	759	
27	HEA 防水剂	kg	4.50	763	
28	EVA 防水板	m^3	16.00	764	
29	背贴式止水带	m	40.00	765	
30	中埋式止水带	m	65.00	766	
31	反光油漆	kg	95.00	767	
32	耐候胶	kg	40.00	768	
33	聚氨酯固化剂	kg	28.60	793	
34	MY8C 塑料管	m	8.00	796	
35	运梁小车	t	31900.00	797	

续前页

序号	名称	单位	单价	代号	备注
36	ϕ50mmPVC 波纹管	m	12.00	805	
37	PVC 塑料管(ϕ160mm)	m	36.70	806	
38	整体波纹钢管	t	12000.00	809	
39	分片波纹钢管	t	11000.00	810	
40	滑石粉	kg	1.50	815	
41	草绳	kg	0.80	816	
42	橡胶沥青	t	4250.00	855	
43	乳胶漆	kg	37.00	874	
44	花岗岩板 20mm	m^2	60.00	878	
45	机制砂	m^3	65.00	898	
46	拳石	m^3	34.00	932	
47	70N·m 型振动冲击夯	台班	13.06	1100	
48	抛丸机	台班	1245.70	1247	
49	500t 跨缆吊机	台班	7744.29	1495	
50	旋挖钻机	台班	8610.20	1605	
51	液压钻机 STE-1	台班	359.14	1613	
52	热喷涂铝机	台班	244.47	1981	
53	组合烘箱	台班	127.58	1988	

附录二　新增机械台班费用定额

代号		单位	1100	1247	1495	1605	1613	1981	1988
费用项目		单位	振动冲击夯	抛丸机	500t 跨缆吊机	100kW 旋挖钻机	液压钻机	热喷涂铝机	组合烘箱
			HCD·HCR90	–	–	200 型	中型	–	–
不变费用	折旧费	元	2.22	524.8	3163.64	3201	56.05	77.7	36.23
	大修理费	元	0.29	109	790.91	1188	11.71	13.99	7.15
	经常修理费	元	0.65	381.5	2214.55	3682.8	12.53	55.95	7.36
	安装拆卸及辅助设施费	元	–	–	60.8	–	4.93	–	1.99
	小计	元	3.16	1015.3	6229.9	8071.8	85.22	147.64	52.73
可变费用	人工	工日	–	2	12	2	2.5	1	–
	汽油	kg	1.9	–	–	–	–	–	–
	柴油	kg	–	–	–	–	30.8	–	–
	重油	kg	–	–	–	–	–	–	–
	煤	kg	–	–	–	–	–	–	–
	电	kW·h	–	240	1680	800	–	86.61	136.1
	水	m^3	–	–	–	–	–	–	–
	木柴	kg	–	–	–	–	–	–	–
	车船使用税	元	–	–	–	–	–	–	–
定额基价		元	13.06	1245.7	7744.29	8610.2	359.14	244.47	127.58